그대, 행복한 家
그대, 꿈꾸는 家

그대, 행복한
그대, 꿈꾸는 家

서용식 엮음

수목문화컨텐츠

더 나은 주거 문화 만들기

프롤로그
축하의 글
6

Part 1
건축에 대한 아이디어
18

Part 2
공간에 대한 아이디어
58

아 이 디 어 공 모 전 작 품 집

Part 3
사람에 대한 아이디어
114

Part 4
문화에 대한 아이디어
150

부록
수상자 인터뷰·사진·영상
194

들어가는 글

그대 행복한 家, 그대 꿈꾸는 家

수목건축 대표, 서용식

저희 수목건축과 아시아경제가 주최하고 서울시, 국토해양부, 한국부동산산업학회가 공동으로 후원하는 '더 나은 주거문화 만들기 아이디어 공모전'의 작품들을 엮은 '그대 꿈꾸는 家, 그대 행복한 家'를 출간하게 되어 매우 기쁘게 생각합니다.

이번 '더 나은 주거문화 만들기 아이디어 공모전'에서 쏟아져 나온 아이디어들을 통해 저희는, 수많은 사람들이 우리 주거문화의 변화를 갈망하고 있음을 확인할 수 있었습니다. 특히 이번 공모전은 최근 주거문화의 패러다임이 소유에서 거주로, 거주에서 문화로, 그리고 나만의 공간에서 우리의 공간으로 다양하고 새로운 변화가 일어나고 있는 가운데, 현재 우리의 주거문화를 재조명하고, 보다 바람직한 방향으로 나아갈 수 있는 계기가 되었다는 점에서 그 의미가 매우 컸다고 봅니다.

그대 행복한家,
과연 우리나라 사람들은 주거에 대해 얼마나 행복한 삶을 누리고 있을까요?
개인이 처한 상황이나 환경에 따라 느끼는 행복지수는 차이가 있겠지만,

세계 각 기구에서 발표한 국가별 행복지수를 보면 우리 국민의 행복수준은 그리 높다고 볼 수 없습니다. UN의 세계행복 보고서에 따르면, '공동체 생활(Community)'이 10점 만점에 -6.1점을 기록해서 최하위이며, '주거환경(Housing)'이 -2.3으로서 그 다음 하위를 기록하고 있습니다. 물론 이 지표가 각국의 국민이 느끼는 행복도를 완벽히 대변한다고는 볼 수 없습니다. 하지만 어느 정도 현실을 반영하는 수치라 생각됩니다. 그리고 그 결과만 놓고 본다면 우리나라는 '살기 좋은 나라'가 되려면 좀 더 많은 노력이 필요하다는 것을 알 수 있습니다.

그대 꿈꾸는家,
그렇다면 여러분들이 꿈꾸는 집은 어떤 모습일까요?
우리는 과연 어떤 집에서 살고 싶고, 어떠한 삶과 문화적 가치를 기대하고 있을까요?
이 책에는 여러분들이 꿈꾸고 있는 주거문화의 청사진 100가지를 담았습니다. 일상생활에서 발견한 나와 내 가족, 그리고 이웃이 함께 더불어 살아갈 수 있고, 매일의 삶이 작은 행복이 되는 아이디어를 건축, 공간, 사람, 문화의 큰 울타리로 엮어내었습니다.

‘더 나은 주거문화 만들기 아이디어 공모전’을 통해 고민해주신 여러분들의 참신하고 다양한 아이디어들이 우리나라의 주거문화가 한층 더 발전하는 밑거름이 되기를 간절히 바라면서, 앞으로도 저희 수목건축은 끊임없는 노력을 통해 우리가 고민하는 주거문제가 올바른 방향으로 진행될 수 있도록 최선을 다할 것입니다.

끝으로 우리나라의 주거문화의 발전을 위해 지원을 아끼지 않으신 서울시 문승국 행정2부시장님, 아시아경제신문 이세정 대표이사 사장님, 건설부동산부 소민호 부장님, 박미주 기자님, 열과 성의를 다해 공정한 심사를 해주신 심사위원님들, 그리고 이 책을 출간할 수 있도록 공모전에 참여해주신 모든 참가자분들께 감사의 인사를 드립니다.

감사합니다.

축하의 글

더 나은 주거문화 만들기

아시아경제신문 대표이사 사장, 이세정

먼저 주거문화에 관심을 갖고 이 책을 발간할 수 있게 해준 '더 나은 주거문화 만들기 아이디어 공모전' 참가자분들께 감사드립니다.

아시아경제신문과 공모전을 함께 주관하며 애쓰신 서용식 수목건축 대표님과 심사위원이셨던 김영주 중앙대 주거환경학과 교수님, 최성태 서울시 주거환경과장님, 장대섭 명지대 부동산대학원 교수님, 김새롬 마이바움 i 연구소장님, 안인숙 주부프로슈머님, 이혜영 수목건축 상품개발본부장님 등 관계자 여러분들께도 감사의 말씀 전합니다.

집은 단순한 공간이 아닙니다. 문화 형성의 장입니다. 이제 더 나은 주거문화를 논할 시기가 왔습니다. 의식주 중 '의(衣)'와 '식(食)'은 패션과 음식문화로 대변되며 개인과 국가의 특징을 결정짓고 삶의 질을 높이는 요인이 됩니다. 그런데 유독 주거문화에 관해서만은 전통가옥인 '한옥' 그 이상을 떠올리지 못하는 게 사실입니다.

하지만 1·2인가구가 늘고 소득수준이 향상되면서 인간의 삶을 담는 주거문화는 다양한 모습으로 진화하고 있습니다.

•

재테크 수단의 대명사였던 '성냥갑 아파트'는 외관과 내부를 차별화하며 고급스러워졌습니다. 한옥 등 단독주택의 인기도 높아졌습니다. 땅콩주택이나 패시브하우스 등으로 변형되는가 하면 집에서 취미활동을 즐길 수 있게 몇 명이 모여 사는 셰어하우스나 코하우징 같은 공동주택도 등장했습니다. 자연과 사람 중심의 주거문화로 바뀌어가는 단계라고 할 수 있습니다.

이에 아시아경제신문은 주거문화의 긍정적 변화를 이끌어내기 위해 수목건축과 함께 공모전을 주최하게 됐습니다. 거주자의 개성이 반영되면서도 역사성과 지속가능성을 갖춘 주거문화, 이웃과 어우러지는 공동체 정신이 구현된 주거문화를 정착시킬 대안, 정을 나누고 생각을 공유하는 주거문화를 앞당기기 위해서입니다.

첫 공모전이었지만 이런 영향 때문인지 더 나은 주거문화에 대한 국민들의 관심은 높았습니다. 공모전 참가자도 10살 미만 어린아이부터 60대 노인까지 다양했습니다. 총 327건의 '꿈꾸는 집'에 대한 아이디어가 경쟁을 벌였고 총 44점의 작품이 선정됐습니다. 작품 주제로는 '소통'에 관한 것이 단연 많았습니다. 이것은 많은 사람들이 단절된 주거문화에서 탈피하고 싶어 한다는 의미입니다.

'그대 꿈꾸는 家'는 이번 공모전 부제였습니다. 공모전 작품 수록집을 통해 참가작에 담긴 아이디어들이 꿈에만 그치지 않고 부제처럼 언젠가 우리가 사는 행복한 집이 되기를 바랍니다.
아시아경제신문은 앞으로도 정기적인 주거문화 공모전 개최로 모든 국민들이 '행복한 집', '꿈꾸는 집'에서 살 수 있도록 앞장서겠습니다.

축하의 글

희망의 주거 문화를 꽃피우길

서울시 행정2부시장, 문승국

'더 나은 주거문화 만들기 아이디어 공모전'을 통해 웃음과 희망이 싹트는 삶의 터전, 나를 넘어 우리가 다 함께 행복해지는 공동체의 청사진을 제시해 주신 자랑스러운 수상자 여러분 진심으로 축하합니다. 아울러 시민으로부터 시작되는 주거 혁신의 장을 만들어주신 아시아경제신문 이세정 대표이사 사장님, 수목건축 서용식 대표님께도 깊은 감사를 드립니다.

6.25 이후 우리 사회는 수백 년에 걸쳐 다져온 공동체 문화를 허물어트리고 그 위에 시멘트로 똑같이 찍어낸, 꽉 막힌 아파트를 짓기 시작했습니다. 그것도 모자라 더 많은 아파트를 짓기 위해 주거약자들을 집이 수 십 년간 살아온 터전 밖으로 밀어내야만 했습니다. 그 결과 현재 서울시 주거형태의 55% 이상이 아파트이고, 뉴타운 등 철거형 재개발 지역에서는 80%이상의 원주민이 쫓겨나고 있습니다. 이런 서울, 대한민국을 보고 프랑스 사회학자 발레리 줄레조는 '아파트 공화국'이라고 진단했습니다. 입 안이 씁쓸해지는 현실입니다.

하지만 여러분 집은 인권입니다. 그리고 더 나아가 희망이 돼야 합니다.

이 같은 아파트 공화국에서는 인권이 보장받을 수도, 희망이 싹틀 수도 없습니다. 서울시가 작지만 추억과 기억, 역사가 담긴 집을 보전하려는 것도, 이웃과의 온기가 살아있는 공동체를 복원하고자 하는 것도 이러한 답답한 현실에서 탈피해 희망의 주거 문화를 다시 꽃피게 해보자는 큰 방향성을 갖고 있습니다.

저는 '더 나은 주거문화 만들기 아이디어 공모전' 수상작들을 보면서 희망과 기대를 가득 품었습니다. 사람의 주거 문화, 어제와 오늘, 그리고 내일을 함께 생각하는 주거문화는 바로 여러분들의 손에서 시작될 것입니다. 여러분들의 이 멋진 영감들이 서울을 바꿀 멋진 꽃씨가 될 수 있도록 집이 걱정거리가 아닌 웃음거리가 되는 그날까지 서울시도 열심히 돕겠습니다. 아울러 올 해 첫 걸음을 내딛은 더 나은 주거문화 만들기 아이디어 공모전이 10회, 100회로 이어지며 우리 사회의 커다란 변화의 시동을 걸어가길 기원하겠습니다.

감사합니다.

축하의 글

작품집 발간을 축하하며

심사위원장, 중앙대학교 주거환경학과 교수

김영주

문화란 가치관이나 신념 등을 공유하는 집단이 물리적 환경을 토대로 형성하는 일정한 삶의 방식이라고 정의할 수 있습니다.
특히 주거는 문화를 구성하는 집단의 관습과 취향을 가장 잘 반영하는 것으로 알려져 있습니다. 이는 주거공간 안에서 일어나는 사용자의 행태와 생활방식이 문화에 영향을 주는 동시에 문화를 반영하기 때문입니다.

결국 주거문화란 사람이 거주하는 여러 범주의 공간환경에 관련되는 삶의 방식으로서, 그 시대와 사회를 특징짓는 하나의 하위문화로 이해될 수 있습니다. 과거 우리 조상들은 생, 로, 병, 사로 요약되는 인생의 네 단계를 집이라는 한 공간에서 맞이하고 마감하는 것이 보편적이었습니다.
조부모와 부모, 손자녀들이 수 십년에 걸쳐 한 집에서 부대끼고 살면서 서로 섬기고 품을 줄 아는 너그러운 품성을 길렀으며, 마을에 사는 이웃들과도 가족같은 정을 나누던 때가 있었습니다. 그런데 지금 우리의 삶의 모습은 어떤가요. 태어나면서부터 늙고 병들어 죽기까지 생, 로, 병, 사의 대부분은 집 밖에서 이루어지고 있습니다. 최근 들어 조금씩 긍정적인 변화가 나타나고 있기는 하지만, 여전히 공급자 주도적인 아파트로 대변되는 오늘날의 주거공간은 예전처럼 우리의 삶을 따뜻하게 포용하는 가족친화적인 환경은 아닌 것 같습니다.
이러한 상황에서 처음 시도된 '더 나은 주거문화 만들기 아이디어 공모전'은 실제 주택 수요자들이 바라는 이상적인 주거에 대한 폭넓은 생각을 들을 수 있는 장을 제시했다는 점에서 너무나 반갑고 의미있는 일이 아닐 수 없습니다.
비록 사진 한 장과 짧은 스토리만으로 이상적인 주거에 대한 생각을 표현하는 것이 사실상 쉽지 않은 작업이었을 텐데도 불구하고 잃어버린 주거가치, 지속되어야 하는 주거요소, 희망하는 주거유형에 이르기까지 과거와 현재, 미래를 아울러 바람직한 주거문화의 방향을 제시하는 유익한 작품들이 많았습니다.
앞으로 다양한 소비자들의 마음과 머리 속에 감추어져 있던 창의적인 생각들이 꽃을 피우고 결실을 맺어 이 시대에 바람직한 주거문화를 창조하는데 밑거름이 될 수 있는 소통의 기회로서 본 아이디어 공모전이 보다 큰 역할을 할 수 있기를 바라며 다시 한번 모든 수상자들에게 축하의 말씀을 드립니다.

내 가 살 고 싶 은 집 동 네 그 리 고

더 나 은 주 거 문 화 를 말 하 다

IDEAS FOR ARCHITECTURE

Part 1_ 건축에 대한 아이디어

더 나은 주거문화 만들기 아이디어 공모전
대상

비밀의 집

베란다만 있던 아파트 뒤에 손수 출입문을 달고, 뒤로 나가는 계단을 만들었습니다. 그리고 하얗게 페인트를 칠하자 아파트 뒷 공간은 도시텃밭으로 변하고 이곳은 세상에 하나밖에 없는 나만의 비밀 장소가 되었습니다. 생활에 따라 누구나 쉽게 디자인하고 바꾸며 개성을 나타낼 수 있는 집, 같음 속에서도 다름이 있는 나만의 집은 우리집의 색을 풍요롭게 할 것입니다.

더 나은 주거문화 만들기 아이디어 공모전
장려상

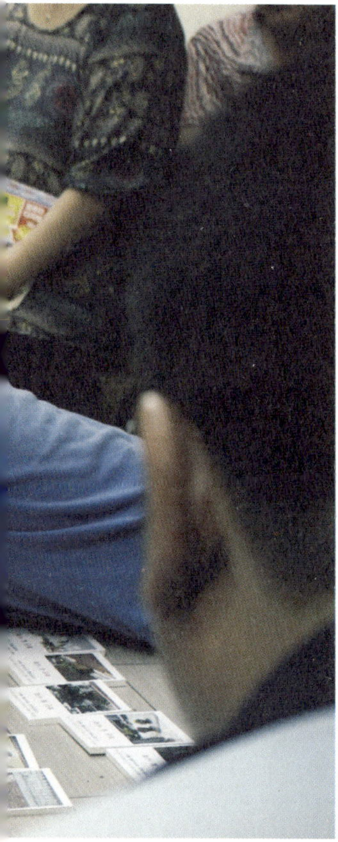

참여의 디자인

집은 그 속의 사람냄새가 더해질 때 완성됩니다. 집을 디자인하고, 가꾸어가는 과정에 주민이 함께합니다. 아이부터 어른까지 자유롭게 생각을 나누고, 스스로 결정합니다. 그러면서 과정도 함께 디자인되어 집이 가진 이야기는 풍요로워집니다. 사람과 함께하는 사람이 반가운 디자인, 과정이 아름다운 디자인 바로 참여의 디자인입니다.

더 나은 주거문화 만들기 아이디어 공모전
장려상

아름다운 공존

보이시나요?
나무와 집의 사이좋은 어울림 느껴지시나요?
아름다운 공존을 일군 집주인의 마음씨
집이 화려하고 근사하진 않지만 보는 사람에게
절로 미소가 지어지게 만드네요 아하!
우리도 이웃과 아름다운 공존을 한다면 웃음을
선물하는 마을이 될 수 있지 않을까요?

고귀한 삶의 프레임, 窓

백설공주나 우리의 선비들이 내다보던 창은 작았으되 나의 것을 소중히 보전하고 밖으로부터 필요한 것만큼 들여오는 프레임이었습니다.
오늘날 건축은 크고 맑은 창을 자랑합니다.
더 크게, 더 멀리 세상의 모든것을 다 내 눈앞에 펼쳐놓고 군림하고 싶은 욕심은 기어이 하늘을 향하여도 창을 내었지만 창이 커질수록 나의 낱낱을 드러냄과 맞바꾼 셈입니다.
고귀한 삶의 프레임이 창을 통해 실현되길 희망합니다.

숨 쉬는 벽

흙이 없는 공간 속에도 자연은 숨 쉴 수 있다.
우리가 접하는 벽면의 공간 속에서 자연을 만들어낼 수 있다.
벽면 녹화는 자연을 주거문화에 담아내어
우리가 살고 있는 공간을 숨 쉬게 만든다.
건축물의 외관이면서 주거기술(자연 냉·난방)이며,
도심 속의 소통의 공간이다. 외부뿐만 아니라 내부 또한 벽면
녹화가 이루어진다면 우리의 주거문화는 더욱 풍성해질 것이다.
벽면 녹화는 우리의 주거문화를 자연과 함께 숨 쉬며 살아갈 수
있는 공간으로 만들어 준다.

▲

이야기가 쌓여있는 담장

하나하나 정성스럽게 쌓아 올린 돌담은
굽이굽이 돌아가는 마을의 모든 이야기를 담고 있습니다.
다른 시간에 다른 사람에 의해 각자의 이야기를 담아 쌓은 돌담이지만
골목길을 지나며 보면, 모두 비슷한 모습을 하고 있습니다.
더 나은 주거문화란 이런 돌담과 같은 것이 아닐까요?
서로 다른 일상을 보내며 살고 있지만,
골목길을 지나가며 서로의 일상을 공유하며,
서로를 지켜주며 닮아가는 그런 삶.

69

둥지

저는 잦은 이사로 외로웠던 시간들이 있었기에 한곳에 정착해 살고 싶었습니다. 그래서 각자 개성 있지만 외로운 싱글족들이 모여 둥지를 틀고 서로 어울리며, 외로운 싱글로 들어왔지만 따뜻한 정을 느끼며 살 수 있는 동네를 만들었습니다. 집 지붕들을 이어 산책로를 구성하고 이는 둥지의 형태를 이룹니다. 그리고 이 둥지 사이로 나온 집의 형태는 새(싱글족)를 표현한 것입니다.

▲

셰어하우스 파티에 초대합니다

아티스틱 하우스 크리스마스 파티에 초대합니다.
아티스틱 하우스에 거주하는 예술학도 친구들이 우리들만의 공간에서
다양한 공연, 전시회 및 파티를 개최하고자 합니다.
우리 셰어하우스 만의 장점!
1층 생각하는 정원에서 바비큐 파티 같이 즐겨보시지 않으실래요?

빗물받이의 재발견

직선형태의 빗물받이에 작은 변화를 줌으로써 그 존재를 드러냈습니다.
벽면에 붙어있기만 해 단순히 기능적인 역할만 수행하던 빗물받이는
사선의 형태로 손끝모양의 조형물에 빗물을 모아줍니다.
이런 단순한 변화가 평범한 주택에 활력을 불어넣을 수 있습니다.
고가의 재료, 어려운 도면만이 훌륭한 주택을 건설하는 것이 아니라
사소한 변화로 주택에 생기를 줄 수 있습니다.

땅은 집이 되고, 집은 땅이 되고

고층빌딩, 아파트 같은 도심지의 콘크리트 덩어리들로 이루어진 숲에서 벗어나, 땅이 지닌 자체의 재료들을 빌려 만들어 내는 집.
땅은 집이 되고 집은 땅이 되면서 자연과 하나 되는 자연친화적인 삶을 추구한다.

사람을 사랑하는 집

한옥은 아름답기만 한 것이 아닙니다.
선이 우아한 지붕은 폭풍우 아래 사람을 지켜왔고 은은한 빛을 비추는 한지 창은 겨울철 습도를 조절하여 사는 이의 건강을 지켰습니다.
햇빛이 잘 들어오는 너른 앞마당과 나무가 우거져 그늘진 뒷마당은 고운 바람을 만들어 더위에 지친 이를 보살폈습니다.
사람을 사랑해온 조상들의 지혜를 되살려 낸 힐링 주택을 기대합니다.

이웃집에는 어떤 나무들이 살고 있을까?

호주의 멜버른에는 오래된 가옥들이 모여 있는 동네가 있다. 그 곳의 가옥들은 집 주변에 나무가 심어져 있거나 정원을 볼 수 있는 쇠창살 담장이 있다. 요즘 각종 범죄로 담장은 점점 높아져 가고 대문만 닫으면 38선 너머의 동네같이 멀게만 느껴지는 이웃집. 이웃집에 어떤 친구들이 살고 있는지 까지는 아니라도 어떤 꽃과 나무들이 살고 있는지 정도는 알 수 있는 날이 왔으면 좋겠다.

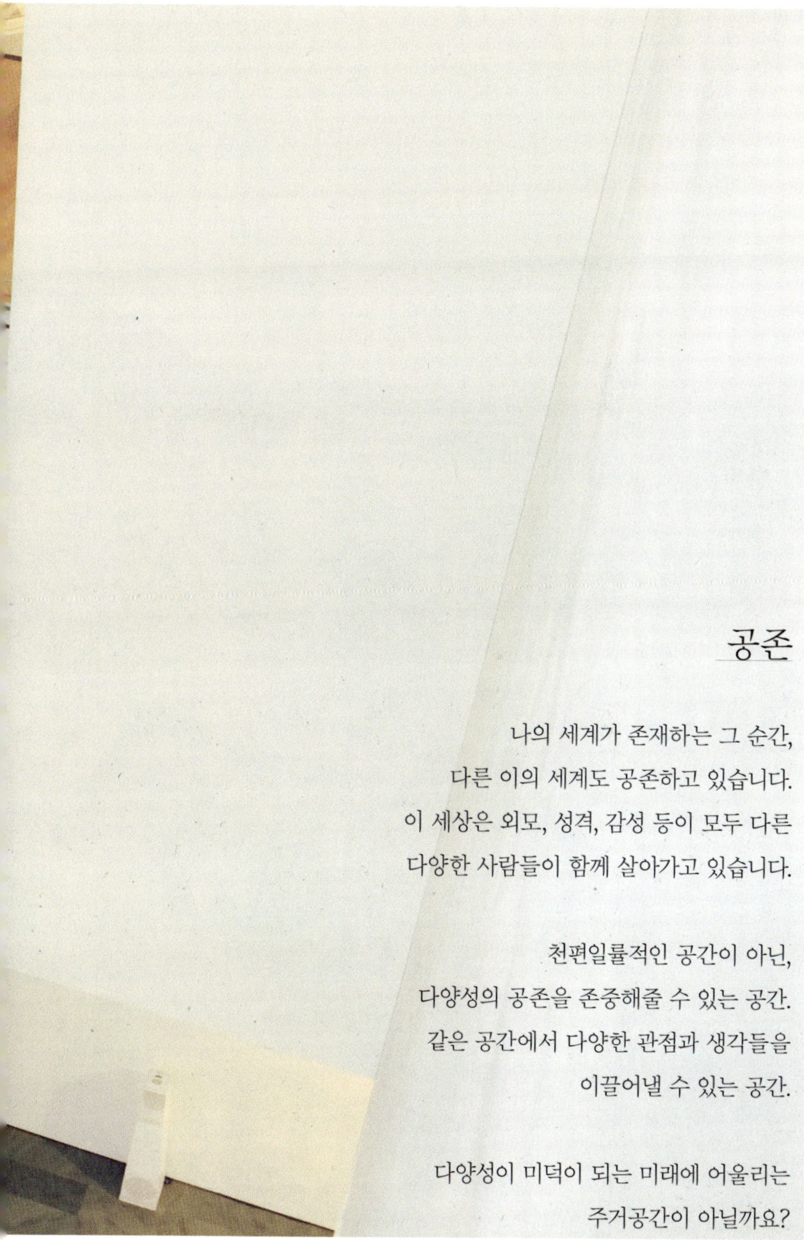

공존

나의 세계가 존재하는 그 순간,
다른 이의 세계도 공존하고 있습니다.
이 세상은 외모, 성격, 감성 등이 모두 다른
다양한 사람들이 함께 살아가고 있습니다.

천편일률적인 공간이 아닌,
다양성의 공존을 존중해줄 수 있는 공간.
같은 공간에서 다양한 관점과 생각들을
이끌어낼 수 있는 공간.

다양성이 미덕이 되는 미래에 어울리는
주거공간이 아닐까요?

CANVAS

제가 유럽여행을 다니던 당시 관광객들의
카메라는 단지 유명한 성당이나 박물관뿐만
아니라, 아름다운 일반 주택들을 향해
있었습니다. 마치 도시라는 거대한 화폭에 그림을
그린 듯 아름답던 그 건물들은 그 나라 고유의
색채와 느낌을 전달합니다.

이제 우리도 우리 고유의 색깔이 드러나는
그림을 그릴 때입니다.

런닝맨

먹고 자는 시간 이외엔 대부분 뛰노는 아이들.
날씨 때문에 집에서 놀 때는 층간 소음 때문에 걱정이 됩니다.
피곤한 몸을 이끌고 집에서 잠들려 하는데,
윗집 아이가 뛰는 소리에 신경이 곤두서 스트레스가 쌓입니다.
아파트 설계할 때 층간높이 10cm만 여유를 주세요.
그 10cm에 층간소음 방지 완충재를 선택 시공하는
상품이 있다면 좋겠습니다.

윤동주고
尹東柱

생가

시간이 멈춘 듯 언제나 그 자리를 지키고 있는, '서시', '별헤는 밤' 등 주옥같은 시를 그려낸 윤동주 시인의 중국 지린성 외딴 마을의 생가입니다. 내가 태어난 생가가 수십 년이 지나도 그 자리에 있을 수 있다는 것은 정말 큰 축복입니다. 아득한 어린 시절 아버지께서 꽃나무를 키우시던 곳, 어머니께서 감자를 삶아 주시던 그립고 보고싶은 그 집을, 나는 더 이상 찾아갈 수가 없습니다. 우리가 태어나고 자라는 집이 수십년이 흘러도, 찾아가 추억을 그려볼 수 있도록 백년대계의 꿈과 함께 집이 세워질 수 있으면 좋겠습니다.

어진
T.679-0366~9 F.2631-4717
환봉백화점
충남 상회
OPEN ~09:00
CLOSE ~18:30

재생, 새로운 탄생

생명이 다하는 것이 아닙니다.
새로운 탄생입니다.
낡은 철공소가 예술공간이 되었습니다.
허름한 내집 한모퉁이가 작품이 되었습니다.
철공소, 창작촌, 옛 주택가는 이렇게 공존합니다.
낡고 오래된 것을 다시 다듬어 새로운 가치를
나타내는 실천, 재생. 무분별한 개발보다 새로운
숨결을 불어넣는 재생주거공간에서
미래를 꿈꾸고 싶습니다.

▲

벽이 되어버린 집

오밀조밀 아담한 집이 모인 가운데 큰 벽이 생겨났습니다.
이 벽은 마을이 감당하기에는 너무나 거대해 빛을 가리고, 산을 멀게하며,
맞은편 사람을 서로 이어주던 실과 같은 마을의 흐름을 끊어 냈습니다.

크기, 색깔, 재료, 형태에서 주변과 어울리는 집
더 나아가 땅의 이야기를 듣고 존중해 줄 수 있는 집
우리가 바라는 조화로운 집의 모습입니다.

붉은 기와 집

제가 살고 있는 목동은 특별한 모습을 하고 있습니다.

5층짜리 낮은 아파트의 대부분을 차지하고 있는 녹지는 경쟁하듯 높은 빌딩을 지어내는 요즘 주거단지들과는 사뭇 다른 모습입니다. 누구나 쉬어갈 수 있는 오래된 등나무 벤치와 나무 동산은 주민들의 자랑입니다. 번쩍이는 새로운 건물이 아니어도, 엘리베이터가 없어도 우리가 우리 동네를 사랑하는 이유입니다.

틀린 그림 찾기

똑같은 구조, 똑같은 디자인, 똑같은 아파트!
그래도 똑같은 사람이 살고 있지는 않습니다.
겉모습은 모두 똑같지만 각자의 삶이 다르듯
그 속에는 다양한 구성원의 다채로운 삶이 녹아
들어있습니다.

사람의 생활과 문화를 담는 그릇인 주거.
성냥갑처럼 획일화된 아파트만이 아닌 각자의
개성과 가족의 문화를 담을 수 있는 다양한
그릇이 필요합니다. 그 출발은 틀린 그림
찾기에서부터 입니다.

영창1차

Pastel Boxes

알록달록한 파스텔의 상자들.
똑같은 네모 상자 아파트도 좋지만 파스텔의
상자들이 뿜어내는 또 다른 아름다움이
있습니다. 한국의 산토리니, 부산 남부민동.
아이들에게 색채에 대한 창의력을 키워줄 수도
있고 지역주민들에게도 지루하지 않을 색들.
다문화 시대에 맞춰 주변의 색을 다양한
파스텔의 색으로 물들이는 것은 어떨까요?

Colorful City

우리가 생활하는 도시의 색은 잿빛의 높은 빌딩, 무채색의 거리입니다. 일상을 마치고 돌아오는 우리 주거모습도 똑같은 색과 모양의 아파트들 뿐입니다. 건물의 다양한 색채는 생동감 있는 주거환경을 만들어줍니다. 도시의 색을 변화시키는 것만으로도 활기찬 삶을 꿈꿀 수 있을 것입니다.

I D E A S   F O R   S P A C E

Part 2_ 공간에 대한 아이디어

WORD WEB
BLIND SPOTS
Practical English Usage
외국어의 기술
영어전치사연구

더 나은 주거문화 만들기 공모전

최우수상

책이 만든 벽

공간을 막는 벽.
그렇다면 튼실한 책꽂이로 공간을 가르면 어떨까요?

책은 어차피 나무로 만들어 졌으니, 보온과 방음의 효과를 동시에 누릴 수 있습니다. 또한, 공간을 가로막은 벽을 열어 주어 소통의 다리를 만들지 않을까요? 도서관에서 책을 살짝 들어내면 상대방이 보이는 낭만을 집에서 누려보는 것이 어떨까요?

더 나은 주거문화 만들기 아이디어 공모전

우수상

이름 있는 화분

작은 공터에 함께 만든 쉼터가 생겼습니다.
저 화분 하나 하나에 이름과 주인이 있습니다.
관심을 갖게 하는 공공 공간, 참여로 만들어진
공간이 활기찬 에너지로 채워집니다.
더 나은 주거문화를 위해 이름을 불러주세요.
노래를 부릅니다.

더 나은
주거문화 만들기
아이디어 공모전
우수상

만인의 BBQ

호주에서 1년 살면서 이건 정말 획기적이구나 라고
생각했던 것이 바로 공동 무료 바비큐장.
전기로 가열해서 언제든지 바로 먹을 수 있는 바비큐장.
냄새 나는 고기, 실내에서 먹지말고 시원한 바람 맞으며
사람들과 먹는 바비큐는 정말 최고입니다.
멀리 팬션에 가지 않아도. 아파트단지 내, 집 근처 공원에
설치한다면 친구들 가족들 초대, 파티 등 즐거운 추억이
새록새록.

더 나은 주거문화 만들기 아이디어 공모전

장려상

이야기 꽃이 피는 필로티

단지에 사는 친구를 기다릴 때,
장보고 오다 만난 이웃과 이야기를 나눌 때,
요즘 같은 날씨엔 잠깐 추위를 피해 들어갈 곳이 있으면 하는 생각을 합니다. 아파트에 있는 필로티 공간은 그냥 어두운 통로의 공간이어야만 할까요? 요즘 2층 높이로도 만들면서 너무 아깝단 생각이 들어요.
한옥의 처마 느낌으로 비도 안 들이치고, 2층엔 테라스 겸 카페 같은 장소가 만들어 진다면 잠깐 머물러 이야기 꽃을 피울 수 있는 인기 만점의 공간이 되지 않을까요?

5

더 나은
주거문화 만들기
아이디어 공모전
장려상

힐링 컨테이너

'10년 후, 20년 후...'라고 말하지만
당장이라도 만나고 싶습니다.
누군가에게는 도심 속 휴식처,
누군가에게는 지식의 창고,
누군가에게는 삶의 일터,
누군가에게는 포근한 보금자리로
꿈을 키워줍니다.
사람은 그 속에서 아름답습니다.

휴게실

더 나은
주거문화 만들기
아이디어 공모전
장려상

바람도 머물다 가는 곳

화장실. 특히 공용 화장실이라고 하면 대부분 불결한,
정말 어쩔 수 없는 상황에서만 들어가는 곳이라고 생각합니다.
저희 동네 공용 화장실을 소개합니다.
어린 아이들부터 젊은 대학생들 그리고 노인들까지 모두
잠시 앉았다 갈 수 있는 바로 이곳. 모르는 분들이 지나가면서 볼 땐
화장실이라고 하면 깜짝 놀라는 곳이지요.
모든 사람들이 편히 쉬었다 갈 수 있는 공간.

제가 생각하는 아름다운 주거공간이란, 그 누구든지 부담 없이 와서
쉴 수 있고, 누구나 소통할 수 있으며, 마음 편히 떠날 수 있는 공간입니다.
특히 옛 철길을 손봐 만든 산책로 옆에 있어
많은 사람들이 편히 머물다 가는 장소입니다.

버려진 공간의 재생

좁고 긴 서촌.
재개발이라는 명목의 추억과 터전을 들춰내는 행위가
아직 다다르지 않은 곳. 오래된 집과 오래된 골목, 오래된 담장 사이에
그려진 멋진 나무. 푸르스름한 향기가 나지 않아도, 지나가는 이로 하여금
잠시 머물게 하며, 페인트가 벗겨지고 금이 가도 희망의 싹을 틔우는 공간.
버려진 우리 주위의 공간에서 소소한 희망을 발견하며,
때로는 반듯하고 단단하지 않아도 새롭고 의미있는 공간을
만들어 낼 수 있지 않을까 생각해 봅니다.
지켜야 할 것은 가까이에 있으며, 쓸모 없는 공간도 작은 관심으로
새로워 질 수 있습니다.

가치 있는 삶을 위한 조그만 노력

먼저 주어진 환경에 '순응하라'.

더 나은 환경을 '고민'하라.

조그만 변화지만 추구하라.

과감히 도전하라.

더 나은 삶을 즐기고 공유하라.

계속해서 시도하라.

함께 할 수 있는 여유

제가 1년간 머물렀던 미국의 한 작은 대학의 아파트 커뮤니티 공간입니다. 거주자는 대부분 학생들로 함께 모여서 스포츠 경기도 응원하는 공용거실입니다. 지낼 곳을 구할 때 소박한 곳에서 입이 다물어지지 않는 곳까지 다양한 커뮤니티 공간들을 보았지만, 지금도 잊을 수 없는 곳은 한 미국인으로부터 초대받아 갔었던 곳입니다. 그녀의 아파트는 주거협동조합 방식으로 지어졌는데, 작은 부엌이 딸린 아늑한 분위기의 공간에서 여러 나라에서 온 사람들이 함께 음식을 먹고 악기 연주도 했습니다. 테라스에 누군가 작은 선반을 만들어 자신이 감명 깊게 읽은 책을 공유하고 싶다는 메모와 함께 책을 꽂아두었더군요. 코끝이 찡했습니다.

콘크리트바닥을 깨내어

일본여행 중에 발견한 작은 정원입니다.
우리나라에도 새마을운동을 시작으로 수많은 콘크리트 포장의 마당이 있습니다. 아직도 많은 사람들이 정원을 갖고 싶지만 유지관리라는 게으름 때문에 콘크리트로 마감 처리되는 수많은 마당이 있습니다.
거창한 정원은 아니지만, 딱딱한 콘크리트 포장을 조금만 깨어내고 녹색의 씨앗을 뿌린다면 훨씬 행복한 주거공간이 될 수 있으리라 생각합니다.

아파트 옥상에서의 바캉스

어느 더운 여름날, 친구에게서 바다 놀러 가자며 걸려온 전화 한 통.
해야 할 일이 많아서 못 간다고 대답했습니다.
그런데 몇 시간 뒤, 친구가 집으로 찾아왔습니다.
"바다 대신 너희 집 옥상에서 썬텐하지 뭐!"
결국 친구와 함께 옥상으로 올라가 돗자리를 펴고 썬텐을 했지요.
덕분에 바다를 가지 않고도 집에서 구릿빛 피부,
그리고 친구와의 추억을 만들 수 있었답니다.

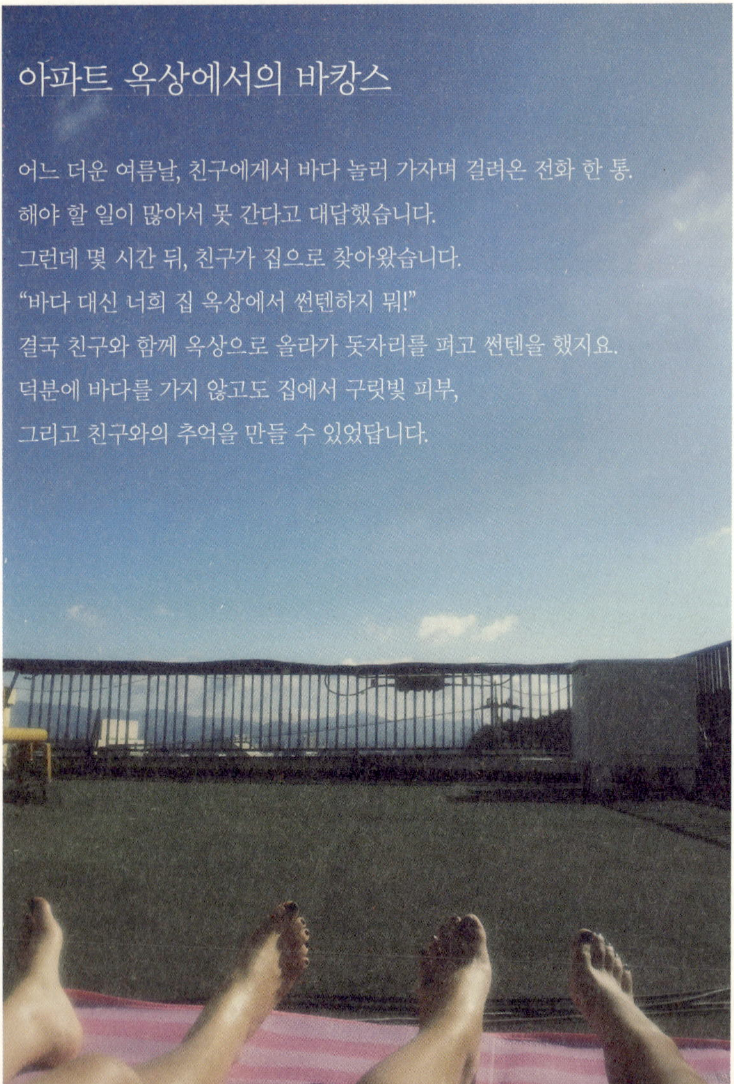

하늘천장

지난달에 오산에 위치한 공군비행기지를 방문했습니다. 미군들이 많이 사는 오산비행장 안에는 미국식 건축물들이 많더군요. 일과가 끝나고 이국적인 건물들을 구경하던 중 천장이 하늘로 이어진 레스토랑을 보았습니다. 군부대에서 보기 드문 인테리어라서 그런지 맑은 하늘이 무척 상쾌했습니다. 출근길 회사로비나 퇴근길 아파트복도에도 하늘천장하나 있었으면 속이 시원할 것 같습니다.

마음의 안식처

하늘로 팔 뻗은 아파트 나무 사이로 낙엽이 쌓입니다.
그 속에는 내 마음을 위로 해주는 자그마한 쉼터가 있습니다.
아파트 숲 사이에 있는 안식처는 힘들 때나 외로울 때나
항상 그 자리에서 저를 반갑게 맞이하여 줍니다.
세월이 흘러도 변하지 않는 내 마음의 안식처.
내 인생의 쉼표입니다.

정 채우는 마당

김장을 준비하는 일은 분명 고되고 힘들지만
사진 속 월곡마을의 김장 풍경은 행복해 보입니다.
이 곳 주민들은 이웃네 마당에 모여 함께 배추를 절이고 양념을
버무립니다. 마당에서는 완성된 김치와 더불어 이웃들의 정도 담아내게
되죠. 이렇듯 이웃과 함께 화목한 정을 채울 수 있는,
월곡마을 이웃네 마당과도 같은 공간이 있다면 사진 속 행복한 미소를
닮을 수 있지 않을까요?

사과나무 한 그루가 있는 집

언제부터인지 집은 거주의 공간이 아닌
부의 축적, 과시의 도구가 되었다.
허름한 대문이어도 좋다.
반짝거리는 타일이 아니어도 좋다.
수성페인트로 거칠게 바른 벽이어도
조그만 사과나무 한 그루 심을 수 있는
어머니의 소박한 정을 느낄 수 있는 공간이면 족하다.

싱그러운 집

햇살 좋은 날 베란다로 나와 일광욕을 즐기고
있는 알록달록 꽃.
지나가는 사람의 마음마저 상쾌하게 만듭니다.
내가 사는 공간을 꾸미기 위해 필요한 것은
인테리어 공사나 고가의 가구가 아닌 싱그러움을
만들어내는 소소한 행동입니다.

그래, 가끔 하늘을 보자!

앞만보고 달려가는 사람들,
그 속에서 나는 가끔, 하늘을 보고 싶습니다.
한없이 넓기만 한 하늘의 여유를 나의 이웃들과 나누고 싶습니다.
비록 사는 모습과 환경은 다를지라도 우리가 보는 하늘은 하나이고, 같은 하늘을 공유하는 우리는, 그래서 하나의 이야기를 나눌 수 있습니다.

하루일과에 지쳐 돌아온 집, 내 방 침대 위 창으로 보이는 하늘,
나는 오늘도 그 하늘을 내 이웃과 인사하며 나누고 싶습니다.

내가 고개들어 바라보려 노력하지 않아도,
항상 하늘을 바라볼 수 있는 집을 꿈꾸며…….

Music in my space

대표적 주거공간인 아파트에서 악기를 연주하고 노래한다는 것은 쉽지 않은 일입니다. 나에게는 아름다운 선율이라도 누군가에게는 소음이 될 수 있기 때문입니다.

방을 선택하여 연주용 방음시공을 할 수 있도록 상품을 만드는 건 어떨까요. 자라나는 아이들이 꿈을 찾는 기회로, 퇴근 후 직장인들의 취미생활 공간으로, 나만의 음악공간이 필요합니다.

어머니, 어떤 집이 필요하세요?

"어머니 어떤 집이 필요하세요?"

"저 푸른 초원 위에 그림 같은 집을 드릴까요?
아니면 도심 속 최고의 복지시설을 갖춘 집을 드릴까요?"

"내가 정말 원하는 집은 별것 아니란다. 한 평 남짓이라도 내 친구랑 담소 나눌 수 있게 여유 묻은 공간 하나만 다오."

함께 가꿔요

어렸을 적, 화분에 심은 씨앗이 싹이 되고, 그 싹이 자라나는 것을 보며 큰 행복을 느낀 적이 있었습니다. 이제 우리의 아이들이 그 행복을 느낄 수 있도록 만들어 주는 것이 어떨까요. 공동 텃밭은 이웃들과 함께하는 소통의 장이 됩니다. 환경과 내 가족 모두를 생각하는 공동 텃밭. 행복한 주거문화의 밑거름입니다.

Korean Traditional Multi-Complex Space

오~ 놀라워라 시골집 대청마루의 기능들.
시작해보면, 내 어린 시절의 외제 장난감과는 비교할 수 없는 놀이터, 숙제하기, 낮잠자기, 할머니와 고구마 먹기, 엄마의 훈육장소, 고부간의 나물 다듬기, 삼촌의 기타연주실, 청승맞은 이모의 독서실, 동네 아주머니들의 아지트, 우체부 아저씨의 쉼터, 무엇보다 가장 소중한건 기다림의 장소. 학교간, 군대간, 시집간, 자식들. 이제는 혼자 외로이 앉아 추억을 회상하는 우리 할머니, 어머니.
소박한 '대청 마루'같은 공간이 있었으면…….

뒷마당 놀이

요즘 부모들은 마당이 탁 트인 집에서
아이들이 뛰어노는 소리를 듣고 싶어 합니다.
뒷마당은 자연스럽게 외부의 시선과 위험으로부터
아이들을 보호해주는 역할을 합니다.
많은 범죄가 일어나는 어두운 건물 뒷면을 아늑한 뒷마당으로 만들면
아이들은 마음껏 뛰놀고, 어른들은 이웃과 담소를 나누는
행복한 공간으로 탈바꿈 합니다.

웃어라, 포토존!

덕평자연휴게소에 설치된 포토존.

이곳을 지나는 사람들은 아무리 바빠도
사진 한두 장 찍고 가더군요.

우리 동네에도 이런 포토존이 생긴다면 이웃에게
눈길 한 번 더 주고, 얼굴에는 미소 한 번 더
지으며 마음의 여유를 더하는 마을이 되지
않을까요?

주민 모두의 정원,
모두의 커뮤니티 공간

노후된 오래된 아파트, 삭막해 보이는 외관과는 다르게, 이웃과 더불어 사는 마음만은 풍요로운 아파트입니다. 옹벽 아래의 콘크리트 계단과 좁은 흙 사이사이로, 너나 할 것 없이 우리 모두가 가꾸어 나가는 소박한 정원이 있습니다. 주인은 주민 모두입니다. 이 좁은 계단을 오르내리며 많은 이웃들은 소소한 일상을 공유합니다. 풀한포기, 화분 하나, 장독 하나까지 다같이 더불어 이루어낸 우리들의 삶의 풍경입니다. 소박하지만 희망이 가득한 정원입니다. 가진 것이 부족해도 더 행복할 수 있습니다. 모두가 공유하는 정원, 소박한 커뮤니티공간에서 우리들이 잊고 살았던 일상의 행복을 느낄 수 있습니다.

다시 한 번

어렸을 적 뒷산으로 이어지는 사각정자가 있었습니다. 어르신들 바둑 두는 모습, 부모님 손잡고 뒷산 오르는 아이들, 동네사람 모여 웃음꽃 피우던 모습, 힘들면 와서 쉬는 곳. 사람들의 웃음이 끊이지 않던 곳. 다 함께 정을 나누던 곳. 다시 한 번 사람들의 웃음소리를 듣고 싶습니다. 정을 나누고 싶습니다. 힘들 때 편히 쉬고 싶습니다. 가족과 함께 하고 싶습니다.

평상마루가 있는 풍경

어린 시절 작은 마당에 있던 평상마루,
지금은 누우면 다리가 밖으로 나오겠지만 그 시절 우리 집 마당의
평상마루는 나의 공부방이자, 여름날 시원한 에어컨이었으며,
우리 식구들의 저녁 만찬 장소였다.
아파트만 가득한 우리네 답답한 집에도
작은 평상마루 하나가 꼭 필요한 것 같다.
우리 할머니 무릎을 베고 자던 그 시절의 평화로움도 함께…….

하루 해가 질 때 아쉬울 것 없어라

가을이 되면 저는 꼭 덕수궁에 갑니다.
그 곳 미술관 2층 창을 통해 바라보는 연못이 보이는 풍경을 너무도 좋아하기 때문이죠. 특히 해질녘 즈음에의 느낌은 어찌 그리 예쁠까요?
집에서 조용히 책 한 권을 들고 의자에 기대 내다보는 풍경, 저녁밥을 지으면서 주방창문을 통해 보는 마을버스 정류장.
이 모습들을 감성이 느껴지는 예쁜 창을 통해 보고 싶은 소박한 바람이 생겼습니다.

가득 찬 빈 공간

마당은 품기 위해 스스로를 비우고 기다립니다.
하늘을 마주 보고 있는 열린 마음은 바람을 품고 햇살을 품어 은은하게 빛을 내 깊은 처마에도 햇살을 나눠 줍니다. 명절이면 오랜만에 모인 가족들의 행복한 발걸음을 품고, 마을 행사가 있을 때면 이웃들의 웃음을 품습니다. 저무는 가을, 한 해 밥상을 책임질 김장 배추와 추수를 마친 곡식을 가득 품고 건실의 뿌듯함을 나눕니다.
그리고 아름다운 창살의 문양이 자신을 꾸밀 것을 알기에, 오늘도 마당은 스스로를 하얗게 비우고 기다립니다.

S

우리집은 도서관

우리는 책을 통해 현재와 과거를 넘나들고
새로운 경험을 만나고 배웁니다.
그래서 책꽂이에 꽂혀 있는 책을 보면
뿌듯하기도 하고 행복해지기도 합니다.
요즘 카페에서는 도서관의 모습을 적용한
공간 활용이 많습니다.
책을 주제로 하는 공간이 우리가 생활하는
주거에 다양하게 적용된다면 좀 더 실용적이고
분위기 있는 공간을 만들 수 있을 것이라
생각합니다.

NSOK
438-12

알록달록 까칠한 공간

비슷한 구조와 색상의 공간들 속에서
우리의 사고와 감성까지
획일화 되어가는 것은 아닐까요?

철의 시원한 느낌,
나무의 따뜻한 묵직함,
그리고 나뭇잎의 산뜻하고 싱그러운 느낌.

다양한 색과 질감이 존재하는 우리집.
일상 속의 다양함과 행복을 줄 수 있는
주거공간입니다.

북촌 스타일 테라스

더 가까이 햇살을 느낄 수 있기를,
더 편하게 휴식을 취할 수 있기를,
더 소중한 한옥을 지켜갈 수 있기를,
더 특별한 테라스를 가질 수 있기를,
그래서 더 많이 행복해 질 수 있기를…….

기와지붕과 나무 벤치가 어우러진 북촌 스타일 테라스입니다. 좁은 한옥의 옥상, 지붕과 맞닿은 좁은 곳에 나무 벤치를 만들고 작은 테이블을 두어서, 브런치를 즐겼는데 마당이 없어도, 누구나 옥상테라스를 가질 수 있다면 한 층 더 행복해 질 것 같아요!

Dancing City
유럽 소형주택 연수단 2기
CHALK SET
MAI BAUM
NOTICE
환영파티

열린게시판

'오늘 우산 꼭 챙기세요.'
'좋은 강의 함께 들어요.'
'이번 주말에 같이 자전거 타러가요!'

자유롭게 오가는 주변 이야기
삶의 활력을 만들고, 서로를 공유 하는
소통의 즐거움이 있습니다.

나만의 공간에서 우리의 공간으로 만드는
작지만 따뜻한 열린 게시판.
더불어 사는 행복한 일상을 만들어 갑니다.

IDEAS FOR PEOPLE

Part 3_ 사람에 대한 아이디어

더 나은
주거문화 만들기
아이디어 공모전
장려상

아날로그 SNS

어느 날, 우리 집 옆에 원두막이 생겼습니다.
아파트 한가운데 생긴 원두막은 주민들이 쉬며,
머무르며, 서로 알아가는 장소가 되었습니다.
이웃도 모르고 살아가는 시대, 관계의 중요성이
어느 때보다 강조되는 오늘날, 우리 동네에
세워진 원두막은 요즘 시대의 SNS를 능가하는
진정한 소셜 네트워크 서비스입니다.

더 나은
주거문화 만들기
아이디어 공모전
장려상

그리운 나의 고향집

나는 항상 그립습니다.

나는 항상 외롭습니다.

이런 나를 집은 안아줍니다.

집은 "나에게 기대" 라고 말합니다.

나의 고향 주거 생활 양식으로 꾸며진 우리 집은

잠시나마 그리운 나의 고향집을 추억하며

타지의 생활을 이겨내라고 토닥토닥

다독여줍니다.

우리동네 우체통

어렸을 적, 군대 간 오빠가 보내올 편지를 기다리던 현관문에 붙어있던 기다림과 설렘의 우편함은 어느 날부터인가 각종 공과금 고지서만 쌓여가는 반갑지 않은 무의미한 사물이 되었습니다. 각 아파트단지나 마을 입구에 커다랗고 빨간 우체통을 만들어 놓으면 어떨까요? 지자체에 건의하고픈 내용의 편지나 직접 만나 말하기 어려운 상대에게 보내는 화해의 손짓, 누군가에게 털어놓고 싶은 답답한 심정 등을 글에 담아 우체통에 넣으면 지역사회에서 임명한 무명의 자원봉사자들이 분류, 건의, 답장 등의 절차를 거쳐 처음 편지를 넣은 사람에게 다시 전달해 주는 지역사회의 사랑방 우체통.

POST

서로 소통하는 이웃은
나의 행복한 삶에 바탕이 된다

좋은 주거란 잘 만들어진 공간보다 공동체인 이웃 간의 관계가 우선 할 때가 있다. 사진 속의 공동주택 사이에 끼인 소외된 소규모 주택 꼭대기 층에 주민들의 소통을 위한 '북 카페' 같은 공간을 마련함으로써 아파트 주민들과 혼자 사는 사람들의 소통이 이루어지게 하면 더 나은 주거문화를 만들 수 있지 않을까?

해피시티

나누면 행복하다는 것을 느끼며 살아가고 싶습니다.
마음은 언제나 열려있지만 도움이 필요한 곳을 두드리기는 쉽지 않습니다.
가까이, 눈에 보이는 곳에, 그곳에 있다면 좋겠습니다.
마을 내에 봉사가 가능한 시설이 같이 들어섰으면 좋겠습니다.
보육원, 요양원이 더 이상 찾기 어려운 곳에 있지 않기를.
쉽게 닿을 수 있는 곳에서 같이 어울리며 살아갈 수 있기를 바랍니다.

까치에게 남긴 선물

빼곡히 들어선 고층 아파트 사이에 자리한 감나무 한 그루. 빨갛게 익어 먹음직스러운 감은 가을을 지나 겨울이 다 되도록, 나무 위에 그대로 달려있습니다.

아파트 게시판에 쓰인 '감은 까치에게 양보하세요~'라는 애교 섞인 공지 덕분입니다.

무시무시한 경고가 아닌, 친근한 글 한 줄이 모두의 실천을 만듭니다.

친근함이야말로 더 나은 주거문화를 이끄는 힘입니다.

from사람 to사람

중국에는 흙으로 만든 연립주택인 '토루'가 있습니다.
수백 명이 한 가족처럼 산다는 토루의 주민들을 보니,
옆집에 누가 사는지조차 모르는 현대인들의 모습이 서글퍼졌습니다.
더 나은 주거 문화는 시설이나 환경에서 시작하는 것이 아니라
사람에서 시작한다는 것, 그것은 세월이 지나도 변하지 않는 진실입니다.

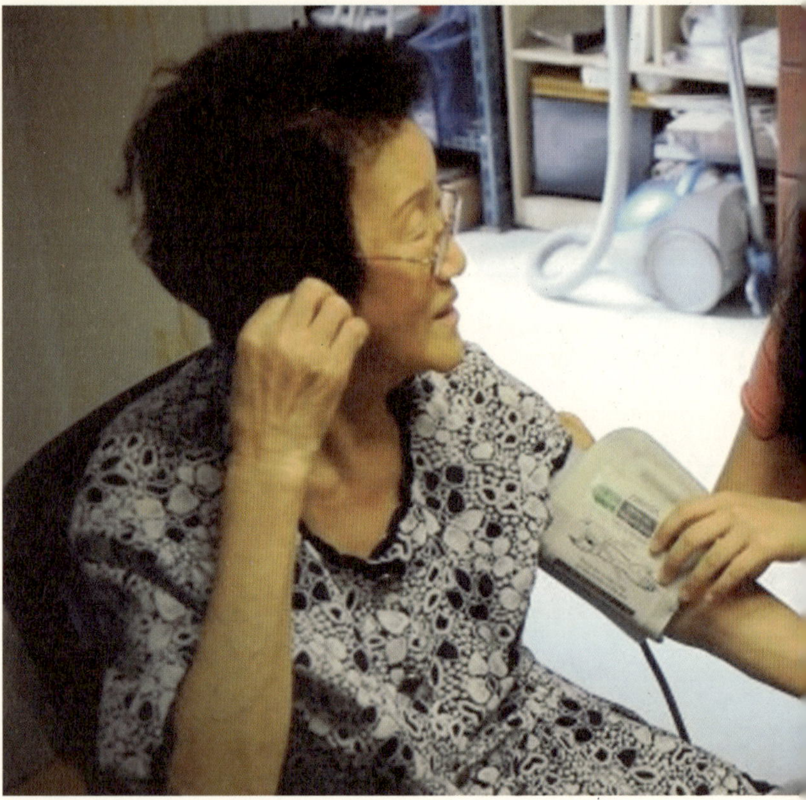

할머니의 특별한 진료소

우리 할머니가 사는 마을에는
특별한 진료소가 있습니다.
이 진료소가 특별한 이유는 꼬박꼬박 병원에
가기 힘든 할머니를 위해 매달 건강을 체크하러
직접 댁으로 찾아가기 때문입니다.

"할머니~ 건강 살펴보러 찾아 뵐게요."

이 진료소 덕분에 자식 걱정은 하셔도
당신 건강 걱정은 안 하셨던 할머니가 곧 아파트
단지로 이사 가십니다. 다시 건강을 걱정하시게
될 할머니를 상상하며 아파트 단지에도 평소
안전을 책임지는 서비스처럼 평소 건강을
챙겨주는 특별한 생활 서비스가 있었으면 하는
생각을 해봅니다.

바람이 쉬어 가는 집

강바람 솔솔 불고 나무향기 가득한 곳에
흙으로 담 쌓고 기와로 지붕 올린
투박하면서도 자연스런 집을 짓고 살고 싶다.
땅에 맞닿은 통유리로 사계절을 느끼며
온갖 자연물이 다 친구가 될 수 있는 집.
은은한 백열등아래서 책도 보고, 음악도 듣고,
꽃차 한잔 사이에 두고 이런저런 수다도 떨면서
고요하게 살고 싶다.

웃음이

"이 화분 돌아가면서 한 달씩 키워볼래요?"
5개월 전부터 우리 동네에선 돌아가며 화분을 키우기 시작했다.
5개월 후 지금,
많은 관심과 사랑으로 키워져 우리 집으로 화분이 왔다.
화분이 전해질 때 마다 우리 동네에는 전에 없던 웃음이 생겨
나는 지금 화분 이름을 '웃음이'라고 지어줬다.
웃음이가 더욱 커가며 우리 동네 사람들 얼굴에도 점점 웃음꽃이 필
모습에 벌써부터 설렌다.

International House, Eileen

한국, 캐나다, 독일, 중국, 일본.
세수하는 방법부터 먹는 음식까지 많은 것이 달랐습니다.
그러나 서로를 이해하고 배려하는, 우리는 가족이었습니다.
함께 사는 사람의 문화를 존중하는 것.
글로벌 시대를 살아가기 위해 꼭 갖추어야 할 마음가짐입니다.

같이 달릴까?

상경해서 타향살이에 외롭고 지친 나에게 이웃이 되어주고 가족이 되어준 그대, 하우스 메이트! 경제적인 이유로 만나게 되었지만 녹녹치 않은 서울살이에 큰 버팀목이 되었다. 퇴근해 혼자 밥먹기 싫을때, 누군가와 도란도란 이야기 나누고 싶을 때 그럴 때 하우스메이트가 나의 소울 메이트가 되어주었다. 젊은 싱글족에게 셰어하우스는 새로운 주거 트랜드이다.

지켜야 할 행복

우리가 살고 있는 집 안에는 행복이 있습니다.

우리 아이들의 미소, 웃음소리.

사랑의 속삭임으로 들릴 때도,
시끄러운 소음으로 들릴 때도 있지만 그것은 행복입니다.

지켜야 할 행복.

공간을 넘어 마음을 나눕니다

집과 골목사이를 가르던 벽이 허물어졌습니다.
그리고 개인의 푸르름은 어느새 우리동네의 푸르름으로 퍼져갑니다.
퍼짐은 이웃과 나누는 이야기가 되고, 자랑이 되어 돌아왔습니다.
스스로 함께함에 대한 큰 결심, 그리고 일상의 작은 변화가 가져온 공유의 따뜻함. 이웃과 함께 나누며 살고 싶은, 우리 동네의 시작입니다.

Open Balcony

옆집에 누가 사는지도 모르는 요즘,
열린 발코니가 있다면,
이웃과 자연과 함께 할 수 있는 여유가 생기지 않을까요?

다세대 공동체 주택

미국 로드아일랜드주 Newport라는 도시의 대저택(Mansion). 이런 저택 구조가 한 가족이 아닌 다세대 공동체 주택에 적용 된다면?

1층에는 공동으로 사용하는 주방, 거실, 도서관, 놀이방, 체육관 그리고 각 가정에는 침실, 창고, 화장실이 있습니다. 생활비가 적은 학생들, 젊은 신혼부부, 공동체 생활을 원하는 사람들에게 적합하지 않을까요?

KB금융, ING생명

Sweet Home Studio

점점 잠자는 곳이 되어 가는 집. 타인과의 시간이 늘어가면서 가족과의 대화는 점점 줄어갑니다. 우리의 집이 더 많은 이야기로 행복을 키워 간다면 얼마나 좋을까요? 자, 이제 내 방이 아닌 가족의 공간을 만듭니다. 커다란 테이블을 놓고 같은 공간에서 책을 보고, 숙제도 하고, 함께 음악을 연주하고 그림을 그립니다.
'스위트 홈 스튜디오'에서 우리 가족의 이야기가 늘어갑니다.

나눔

나눔수첩

“우리 집 러닝머신은 옆집에 있어 더 뿌듯 할거에요.”
“503호 형의 책상을 쓴 뒤로 성적이 올랐어요.”
나눔수첩이 생기면서 동네에 아름다운 대화들이 오갑니다.
집에서 필요없는 물건들을 나눔수첩에 적어 필요한 이웃에게 나누게 된 후,
또 나눔받은 후 훈훈한 광경들과 아름다운 상황들이 늘어났죠.
마음도 나눌 수 있는 나눔수첩으로 더 행복한 일상을 만들 수 있습니다.

삶의 여유가 놓인 동네

집으로 가는 길목에는 너무 바쁜 세상,
잠깐 쉬었다 가라고 손짓 하는 의자 하나 있습니다.

그 의자에 앉아 하루의 수고로움 잠시 내려놓습니다.
그 의자에 앉아 바람에 흩날리는 벚꽃 잎을 손으로 감싸 안아 봅니다.
그 의자에 앉아 해질 무렵, 붉게 번지는 노을을 바라봅니다.
그 의자에 앉아 올 겨울의 첫 눈을 나의 볼에 가만히 대어봅니다.

나는 집과 집 사이에 사람과 사람 사이에
삶의 여유가 놓여 있는 그런 동네를 꿈꾸어 봅니다.

The small talk

작은 의자, 작은 테이블
담담한 식빵한입, 담백한 대화
우리의 소소하고 화려한 시간
오늘도 여전히 깊은 아늑함에 취해
너나없이 마음의 언어를 나누다.

With people

우리는 시간과 공간을 공유하며
더불어 살아가고 있습니다.
음악을 통해 소통하고 삶의 즐거움을 함께
만들어가며 사람들은 서로에게 위로가 되고,
쉼이 되어 줍니다.
이웃과의 커뮤니티. 집과 일상 속에
자리 잡은 작은 행복입니다.

IDEAS FOR CULTURE

Part 4_ 문화에 대한 아이디어

더 나은
주거문화 만들기
아이디어 공모전
장려상

골목대장

요즘 아이들은 골목대장이라는 말을 알까?
50미터 광로로 나뉜 도시 속 아파트 숲에 사는 아이들에게 남은 것은
차갑고 긴 복도와 썰렁하기만 한 큰 길.
어른들의 복잡한 이해관계에 점점 밀려나는 골목길에 담긴 우리들의 추억,
아무리 해도 지겹지 않은 술래잡기, 땅 따먹기.
5시 땡! 하면 집으로 쏙쏙 들어갔다 만화보고선 다시 뛰어나와
또 신나는 놀이. 창문을 열면 아이들의 신나는 웃음소리가 들려오는
골목길이 있는 동네의 풍경을 우리 아이들도 볼 수 있다면!

더 나은 주거문화 만들기 아이디어 공모전
장려상

기억의 공존

벼르던 홍성여행.
가깝게 살던 때에는 가 볼 생각도 않았던
그 곳을, 먼 곳에서 일부러 찾았습니다.
과거와 현재가 공존하는 군청 뒷뜰에 마음을 빼앗깁니다.
예전에 갔더라면 어쩌면 느끼지 못했을 수도 있습니다.
지금은 우리가 미처 깨닫지 못하는 것들,
시간이 흐를수록 더 아름답게 느껴지는 것들과
공존하는 도시에서 살고 싶습니다.

더 나은 주거문화 만들기 아이디어 공모전

장려상

독서계단

더 이상 텅 빈 계단이 아닙니다.
삭막하고 어두운 계단 실을
주민들의 삶으로 변화시킬 수 있습니다.
컴퓨터와 스마트 폰을 놓지 않았던 아이들이
옹기종기 계단에 앉아 책을 봅니다.
빠듯한 생활비로 매번 책을 구매하기가 부담스러웠던 주부들은
계단 서고에 자신의 책을 공유하고
보고 싶은 책을 빌려 읽습니다.
꽁꽁 얼었던 아파트에 각층마다
모락모락 정이 피어 오릅니다.
독서계단을 통해 이웃은 서로에게
의미 있는 존재가 됩니다.

벽화가 있는 마을

대부분의 도시가 재개발되고 집단화 되면서
예전 각 지역의 특색 있는 모습들은 사라지고
점점 단일화 되어가는 느낌입니다.
언제부턴가 마을을 대표하는 큰 은행나무나
마을 고유의 특징들은 없어지고 조금은 무거운
느낌의 높은 콘크리트 건물들이 도시 어느 곳을
가나 똑같은 모습으로 자리 잡고 있어
어느 지역인지 구분이 가지 않습니다.

각 마을마다 벽화를 그려보면 어떨까요?

관내에 있는 학교 동아리나 아마추어 동호인들의
도움을 받아 각 지역의 특징이나 지명의
이름에 얽힌 유래 등을 담은 벽화를 곳곳에
그려 넣는다면 획일화된 도시의 모습이 아닌
특색 있고 정감 있는 주거문화가 되지 않을까
생각합니다.

identity

삶을 살면서 ‘나‘를 찾기란 쉽지 않은 여정이다.
깊은 성찰을 통해 탄생한 건물의 아이덴티티는
그곳에 사는 사람들에게 자부심과 공간애착을
부여하고, 분명한 의미를 가진 공간을 통해
그들은 자신의 정체성을 찾아 갈 것이다.

STEVEN HOLL ARCHITECTS
1991

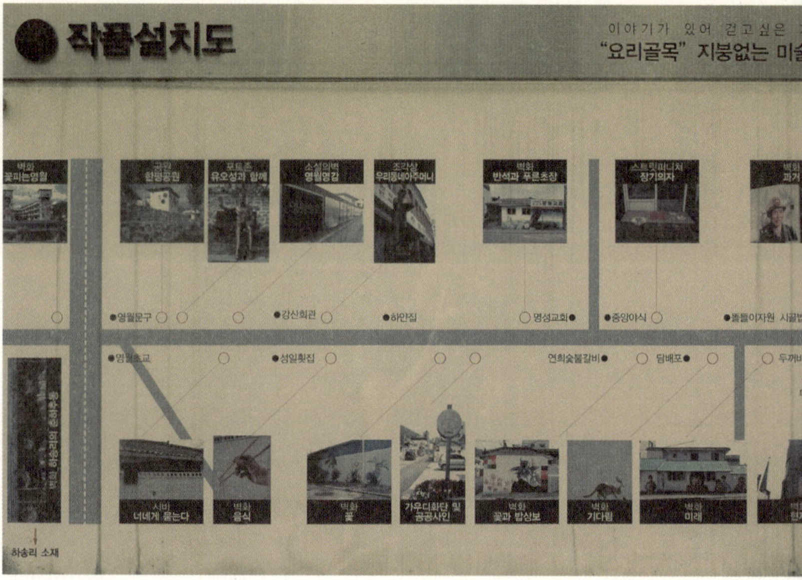

지붕 없는 미술관의 거리 여행

가족의 첫 기차여행, 영월.
"요리골목" 작품 설치도를 보며
우리는 분명 마을에 들어섰지만 동시에 미술관에 들어섰다.
시시각각 변하는 하늘의 조명아래 자연스레 삶과 어우러져있는 작품들.
소소한 듯 가까이 있는 예술이고 마을의 얼굴이었다.

우리동네의 이야기도 작품을 만들고 작품 설치도를 만들어 안내를
해준다면 동네에 애정도 생기고 이웃들의 발길도 이끌어낼 것 같다.

무인상점

"오늘은 사과가 좋아요"
"오늘은 고등어가 싱싱해요~"
직접 말해주는 사람은 없어도 요런 신뢰감 있는 메모와
신선한 식품들이 함께하는 우리 동네 무인상점.
이웃사촌들의 신뢰와 사랑으로 세상에서 제일 훈훈한 가게가 되었습니다.
느긋하게 물건을 고르고 정직하게 값을 치르는 사람들,
우리의 소비는 어려운 이웃에게도 힘이 된답니다.
우리 모두는 참 멋진 사람들입니다.

정겨운 집

할머니는 이 집에서 50년이 훨씬 넘게 사셨습니다.
할머니는 항상 말씀 하십니다.
이 집이 어느 집보다 좋다고 하십니다.
이 집은 겉보기엔 허름해 보여도
여름엔 시원하고 겨울엔 따뜻하다고 합니다.
이 집은 황토와 지푸라기, 대나무 등을 함께 섞어서 만들었다고 합니다.
마당엔 항아리, 절구통, 오래된 대추나무
할머니가 직접 가꾸시는 여러 가지 채소가 있습니다.
그리고 할머니의 귀염둥이 강아지 토미가 있습니다.
또 하나, 조금은 시끄럽게 느낄 수도 있지만
집 뒤로는 동해남부선 기찻길도 지나고 있습니다.
저도 언젠가는 이런 집에서 살아보는 꿈을 항상 갖고 삽니다.
참말로! 정겨운 집입니다.

아파트 안내방송, 이젠 대화의 창으로

뉴스에서 보는 사건들 그 시발점은 무관심입니다.
현재 우리는 이웃에 대한 관심 없이 나만의 공간에서
나만 생각하며 살아가고 있습니다.
안내방송만 하던 아파트 방송, 이젠 매일 라디오 방송을 합니다.
이웃들이 서로 돌아가며 게스트로 나와 자신의 이야기를 합니다.
이웃의 이야기를 들으며 웃고, 울고 그렇게 서로에게 관심을 가지고
소통하며 예전처럼 더불어 살아갑니다.

그대로 놓기

우리는 더하고 채우는데 바쁜지도 모릅니다.
그래서 무언가 손에 쥐고 갖길 바라는 동안
새어나가고 없어지는 것이 있기 마련입니다.
인생엔 멋지고 화려한 것을 가지는 성취도 의미 있지만
그대로 내버려두는 너그러움의 여유도 중요합니다.
딱딱히 굳어있는 아스팔트대신 자취를 남기는 흙은 어떤가요?
더 나은 주거문화 만들기, 그대로 놓는 것으로 시작해요.

Rittergass

Die Gasse

독일 essen음악대학의 노란색 건물 뒤로 조그만 골목들이 이어진 집들은 소박하지만 인상 깊었던 장소이다.
곧 비가 올 듯 우중충한 날씨였지만 골목길에 막 들어섰을 때 보이던 창가의 수선화를 보니 기분이 좋았다. 골목의 집들마다 화단이 놓여 있고 창문 안팎으로 화분을 놓아 길을 지나가는 사람이 볼 수 있도록 배려하고 있다.
꽃나무를 사랑하는 독일 사람들은 집에 마당이 없어도 창가에 화단을 만들어 자신의 작은 정원을 공유한다. 평범한 담벼락에 담쟁이를 심고 좁은 골목길에도 크고 작은 화분을 잊지 않고 세워 놓은 것이 독일 사람들의 꽃나무를 아끼고 사랑하는 마음을 느끼게 해준다.

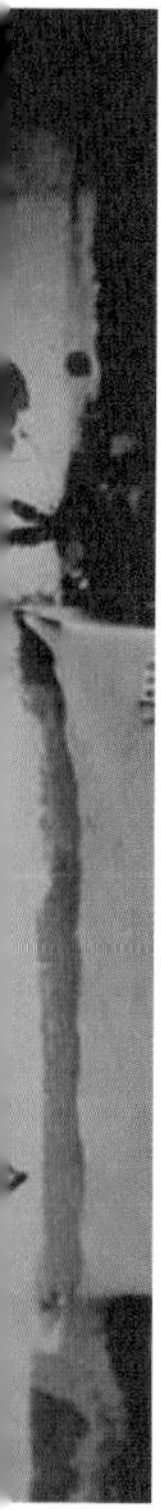

꽃피다

삭막해 보이는 벽에 꽃이 피었습니다.
작은 꽃망울의 부끄럽게 물든 붉은 빛깔이
하얀 벽에 생기를 불어 넣어 주고 있습니다.
주변을 향한 작은 관심이 변화를 일으키고,
조화를 이뤄 하나의 예술로 다가오고 있습니다.
주위를 둘러보는 조그마한 관심이
그 곳을 지나는 이들의 마음에 따뜻함을 피어나게 합니다.

窓

時가 일상 속으로

시는 나의 마음을 따뜻하게 하고 이웃의 삶을 너그러운 눈으로 바라볼 수 있는 삶의 여유를 줍니다. 일상 속에서 시를 만납니다.
길가다 멈추어서 한 편의 시를 읽는 마을, 사랑과 낭만이 넘치는 일상의 행복입니다.

애니멀 하우스

애완동물을 키우는 사람은 많은 반면에
그들을 위한, 그들을 반기는 집은 없었습니다.
고양이 카페에 모여 있는 고양이들을 보면서
애완동물을 사랑하는 사람들을 위한 주거공간이
있다면 좋겠다고 생각했습니다.
집을 비우게 될 때 주택 관리인이 애완동물을
맡아주거나, 아파트 안에 동물들을 위한
공간을 만들어 그곳에서 친구들을 사귈 수
있게 하고, 동물들과 함께 할 수 있는 산책로를
만들어 주면 애완동물과 그 주인이 보다 행복한
삶을 살 수 있을 것이라 생각합니다.

복도 청소

"옆집 청소한다. 어서 우리도 물 받아 나가자"
어머니의 재촉하는 소리에 일요일 아침은
늘 정신없이 시작되곤 했습니다.
물을 받아 나가면 이미 우리 집 앞 복도까지
비누칠이 되어 있었고 함께 하는 복도 청소에
늘 웃으며 시작하는 주말 이었습니다.
더 나은 주거 문화 만들기,
작지만 함께하는 실천에서부터 시작됩니다.

빈 터

굽이굽이 골목길너머 빽빽한 도심 속 조그만 빈 터.
어르신들은 발을 쉬며 담소하고 고양이들은 느긋이 햇살을 쪼인다.
아이들이 함께 뛰노는 소리가 들려오면 다가드는 따스함이
지친 맘을 달래준다.
세상은 사람들을 위해 채운다지만 사람과 사람간의 정은 오히려
채워지지 않은 여백 이 빈터에 가득하다.
채움이 아닌 비움의 주거문화.
우리의 마음이 한결 따뜻해지지 않을까요?

마음의 고향이 되어주는 집

가진 것은 적어도 따뜻한 마음을 나누던 옛날
언제인지 기억조차 남아 있지 않은 그 옛날
빛바랜 사진 속에 남은 외할머니 집.
서로의 마음을 보듬고 살아 지금보다는 덜 삭막하던,
아련한 그리움으로 남아 있는, 그래서 누구나 돌아가고픈 고향
서로를 감싸 안을 수 있다면 모습은 아무 상관이 없습니다.
사는 사람에게 고향이 되어주는 그럼 집에서 살고 싶습니다.

그 모습 그대로

'욕망'이라는 두 글자에 의해 사라져가는 모습들…
이제는 그 모습을 지켜내고 싶은 '소망'을 가져봅니다.
주거문화는 새로운 것을 창조해나가는 것만이 아닙니다.
있는 것을 지키고 보존하는 것 또한
우리가 지켜야 할 주거문화입니다.

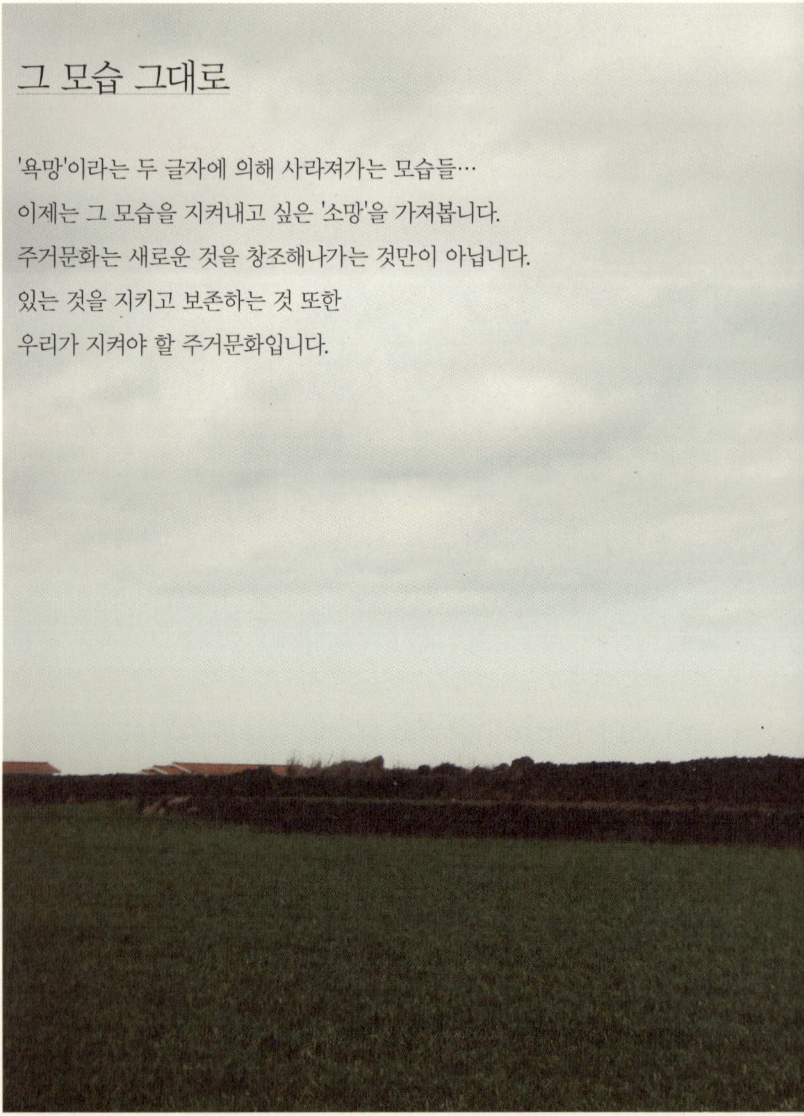

일상을 드라마틱하게

겨울 햇살을 맞으며 부부는 벤치에 앉아
이야기를 나눕니다.
나무와 억새로 둘러싸인 이곳에서,
처음 같이 맞이했던 겨울날을 떠올립니다.
햇살과 억새와 나무와 풀, 그리고 벤치에 앉은
우리. 자연과 함께하는 주거문화는 일상을
드라마틱하게 만듭니다.

온고지신

지난 반세기 동안 우리나라는 눈부신 발전을 이루었습니다.
하지만 명이 있으면 반드시 암이 있는 법. 뾰족뾰족한 건물들과 휘황찬란한 네온사인들로 인해 아름다운 도시 서울이 점점 유령도시로 변해가는 모습을 보면 옛 것이 그립지는 않으신가요? 우리의 소중한 옛 것 '한옥', 부드러운 곡선과 따뜻한 호롱불을 간직한 한옥과 함께라면 이내 현대인의 얼어붙은 마음은 눈 녹듯 사라질 것입니다.

Color of Life

이곳에는 아름다운 삶의 색깔이 있습니다.
구석구석 이어진 미로 같은 골목길에는
오랜 역사와 문화가 스며있고요,
오색빛깔 형형색색의 벽화에는
주민들의 땀과 노력이 배어있답니다.

지금 여러분이 살고 있는 집은 무슨 색입니까?
더 나은 주거문화 만들기, 겉으로 보여지는
반짝이는 화려함 보다는 먼저 그 안을 진정한
색으로 채워보는 건 어떨까요?

살고 싶다

초고층의 거대한 빌딩들이 거대한 군집을 이루고 있는 뉴욕 맨하튼, 오색찬란 화려한 조명이 역동적인 홍콩…, 우린 이런 도시를 볼 때 어떤가요?

"가고 싶다"

만년설을 쓴 산과 그 앞에 펼쳐진 호수에 둘러싸인 뉴질랜드 퀸스타운과 캐나다 밴쿠버, 따뜻한 지중해안을 따라 늘어선 백사장과 팜 나무로 가득한 스페인의 시체스, 사계절을 품에 안은 양평의 양수리…, 우린 이런 도시를 볼 때 어떤가요?

"살고 싶다"

결국 우리가 돌아가야 할 곳은 자연입니다. 호수, 강, 산, 공원, 바다 등 우리는 자연을 동경하고 그 곳에서 살고 싶어 합니다.

이제 자연의 품에 안길 때입니다.

우리동네에 놀러와

마을 구석구석 연결해주는 골목길에
다양한 이야기와 추억이 가득합니다.

변화와 문화, 그리고 역사가 공존하여 아름다운
이곳은 대한민국을 대표하는 명소가 되었습니다.

살기 좋은 마을만들기.
특별하고도 소소한 일상을 지키고 가꾸는
주민스스로의 관심과 참여로 이루어집니다.

담배
International Phone card
國際電話卡
담배
원조

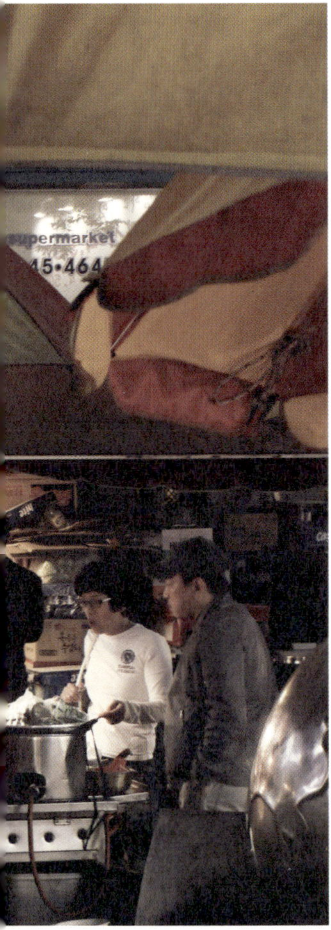

웃음꽃의 장

오뎅 하나 더 얹어주시는 아주머니.
몇백원의 잔돈은 수고하시는 아주머니를 위해
괜찮다고 말해주는 센스.
서로에 대한 작은 배려로 피는 웃음꽃.
바코드에 찍힌 가격으로 계산하는
대형 마트보다 한 마디라도 더 하면서 오고
가는 정이 있는 전통 시장.
우리들의 주거 공간 속에 계속 남아
새하얀 눈꽃처럼 세상을 밝혀주는 웃음꽃의
장이 되었으면 좋겠습니다.

I N T E R V I E W · M E D I A

부록_ 수상자 인터뷰·사진·영상

+

수상자 인터뷰

대상　**비밀의 집 / 권순성**　p21

이 사진은 경북 서천에 갔다가 우연히 찍게 되었는데요, 이 아파트를 보자마자 시골에 있던 제 어린 시절 할머니 댁이 생각났습니다. 할머니 댁이 뒤 부엌문을 열고 나가면 텃밭으로 연결되어 있었는데요, 명절 때마다 그 텃밭에서 사촌형들과 함께 숨바꼭질을 하며 맘껏 뛰어놀던 생각이 났습니다. (숨기 쉬워서 저의 핫 플레이스였죠) 맘껏 뛰놀았던 기억이 생각나면서 똑같은 아파트들 속에서도 단순히 문만 리모델링하여 나만의 공간을 만들 수 있다는 것에 감명을 받아 사진을 찍었습니다.

제가 생각하는 '주거'라는 것은 '편히 쉴 수 있는 공간'입니다.

내가 언제든 들어갔을 때 나의 가족이 있고, 편히 쉴 수 있는 공간이 저의 주거공간이라고 생각합니다. 정형화된 도시의 공동주거 속에서 작고 소박하더라도 나만의 개인공간을 통해 개성과 다양성을 표현하는 것, 현재 우리에게 필요한 주거문화 입니다.

더 나은 주거문화 만들기 아이디어 공모전
대 상
3,000,000
비밀의 집

더 나은 주거문화 만들기
아이디어 공모전

꿈꾸는家
더 나은 주거문화 만들기
아이디어 공모전 award 2012
최우수상
더 나은 주거문화 만들기
아이디어 공모전 award 2012
대 상

주거문화 만들기
공모전 award 2012
더 나은 주거문화 만들기 아이디어 공모전
대 상
3,000,000
지금은 인터뷰 중~

최우수상 책이 만든 벽 / 장진석 p61

제 고향은 경남 보성입니다. 옛날 시골의 집은 흙벽에 거의 대부분이 초가집이었습니다. 콩시루같은 집에서 육남매가 붙어살다 보니 공간이 많이 부족하다고 생각했고, 그 때 당시에는 책이 귀한 시절이라서 성인이 되면서 책에 대한 욕심이 많아졌습니다. 많은 책을 보관하는게 쉽지 않아서 집의 벽을 허물고 그 사이에 책을 꽂아 넣으면 충분히 공간 활용도 되고 인테리어로도 손색없지 않을까하는 생각에 아이디어를 생각하게 되었습니다.

작품 사진은 제 작은 사무실의 벽을 활용하고 있는 모습입니다.

많은 공모전에 참여하면서 저는 환경문제나 세상 돌아가는 것에도 관심을 가지게 되고 내가 직접 일하지 않는 분야를 알게 되며, 기부도 많이 하게 되었습니다. 이번 '더 나은 주거문화 만들기 아이디어 공모전'에 참여하면서는 현재 우리나라의 주거문화에 대해 많은 관심을 가지게 되었습니다. 다양한 세상살이에 관심을 가지게 되고 나 뿐만 아니라 다 같이 살아갈 수 있다는 힘을 얻은 것에 대해 저 자신에게 가장 큰 상이 되지 않았나 싶습니다. 감사합니다.

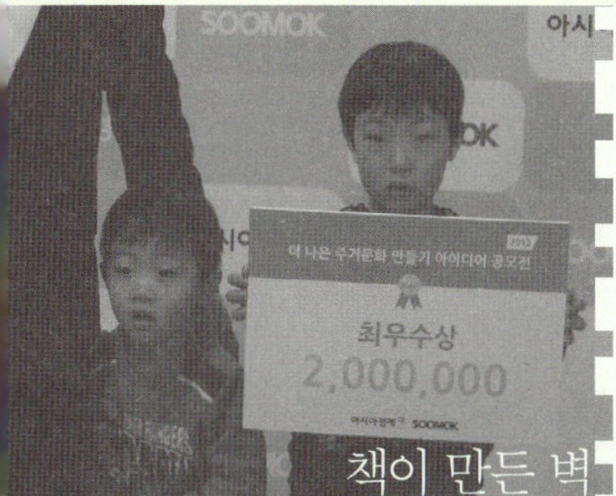
SOOMOK
더 나은 주거문화 만들기 아이디어 공모전
2012
최우수상
2,000,000
SOOMOK
책이 만든 벽

최우수상
2,000,000
서울시 부시장님과
함께 찰칵~~!

더 나은 주거문화
만들기를 응원합니다~

✚

우수상 이름 있는 화분 / 김미소 P63

안녕하세요. 우수상을 수상한 김미소 입니다.
이 사진을 보면서 김춘수의 시 '꽃'이 떠올랐는데요,

내가 그의 이름을 불러 주기 전에는
그는 다만 하나의 몸짓에 지나지 않았다
내가 그의 이름을 불러 주었을 때
그는 나에게로 와서 꽃이 되었다

_김춘수 '꽃' 중에서

시에서처럼, 어떤 공간이 이름을 불러주지 않았을 때는 빈 공간에 불과하지만, 우리가 그 곳에 이름을 불러주면 머물고 싶은 장소가 되고, 그런 장소가 이웃들과 행복을 나눌 수 있는 공간이 될 수 있다고 생각합니다.

만인의 BBQ / 오수진 p65

호주에서 살면서 이건 정말 획기적이구나 생각했던 것이 바로 공동 무료 바비큐장입니다.

사진은 4년 전 호주에서 일을 할 때였는데요, 쉬는 날 친구들과 인근 공원에서 함께 바비큐 파티를 하며 찍은 사진입니다. 이 사진을 볼 때마다 우리나라에도 이런 장소가 있으면 좋겠다는 생각을 하면서 아이디어를 출품하게 되었습니다.

이름 있는 화분
우수상

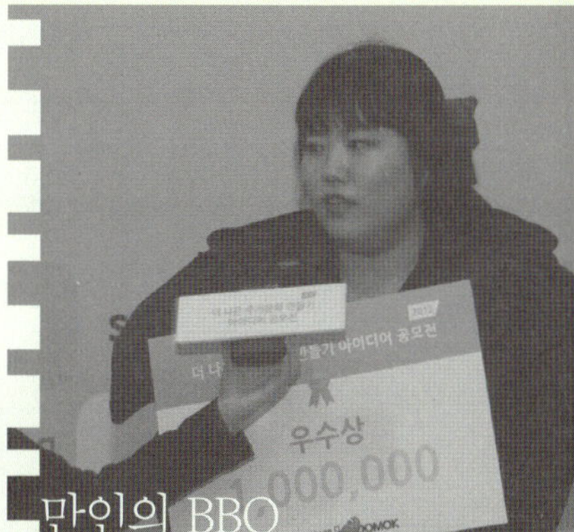
우수상
만인의 BBQ

이야기가 있는 재즈
KC Bridge

우수상
1,000,000
우수상

수목건축
대표님과 함께~

+

장려상 기억의 공존 / 조영선 p155

친구와 여행을 갔는데 우연히 보게 된 홍성 군청의 옛 건물과 현재의 건물이 같이 보여지는 뒤뜰이 인상적으로 보여서 사진을 찍게 되었는데, 우연히 더 나은 주거문화 공모전을 알게되어 공모하게 되었습니다.

참여의 디자인 / 이민호 p23

요즘 떠오르고 있는 '마을 만들기' 관련해서 찍은 사진입니다. 마을 만들기는 건축가가 단순히 건물을 짓는 것이 아니라 마을의 디자인을 할 때 주민들이 직접 참여하여 자신들의 삶의 터를 직접 만들어 가는 과정임을 알리고 싶었습니다.

아름다운 공존 / 이유주 p25

우연히 북한산 둘레길을 걷다가 나무가 건물 밖으로 뚫고 나와 있는 것을 보고, 나무와 건물이 같이 공존해있는 모습이 인상적이여서, 그 다음날 사진기를 가지고 바로 찾아가서 사진을 찍었습니다. 자연과의 공존을 꿈꾸는 주인의 모습이 참 인상적이었습니다.

독서계단 / 김자현 p157

계단실을 사용을 잘 못하는 경우가 많잖아요, 창고로 쓰기도 하고 보통 어둡고 침침한 분위기인데 그곳을 독서계단으로 만들고자 아이디어를 내 보았습니다. 각 층마다 호수의 사람들이 일정 권수의 책을 공유하며 서로 빌려서 읽는 곳으로 만들고자 제안을 해 보았습니다.

참여의 디자인
독서계단
For Better Housing
그대,
꿈꾸는家
SOOMOK
아시아경제
더 나은 주거문화 만들기 아이디어 공모전
장려상
500,000

+

입선 서로 소통하는 이웃은 나의 행복한 삶에 바탕이 된다 / 김현경 p122

고립된 독신자들이 '카페'와 같은 공간에서 여러 사람들과 소통을 할 수 있는 공간을 생각했습니다.

이야기가 쌓여있는 담장 / 이영은 p30

우연히 출사를 나갔다가 비오는 날 담장이 예뻐서 촬영하게 되었는데 마을 전체가 돌담으로 이어져있는 것을 보면서 서로 소통하고 있는 듯한 마을의 모습이 아름다워 출품하게 되었습니다.

땅은 집이 되고, 집은 땅이 되고 / 김창균 p37

땅이 주는 가치와 사람들이 땅을 생각하지 않는 무분별한 개발을 고려해야한다는 생각으로 참여하였습니다.

그대로 놓기 / 박태수 p167

우리 도시가 회색 아스팔트만으로 가득한 모습이 아닌, 자연과 어우러진 도시가 되었으면 하는 바람으로 출품하게 되었습니다.

from 사람 to 사람 / 이지영 p127

저는 중국의 '토루' 사진을 출품하였는데요, 우리 대부분은 아파트에 살잖아요. 그럼에도 아파트는 이웃과의 소통이 단절되는 문제가 있어서 '토루'처럼 이웃과 소통할 수 있는 주거문화를 강조하였습니다.

입선 까치에게 남긴 선물 / 김민선 p125

저희 아파트 단지 안에 감나무가 한 그루 있는데요, 그 옆 게시판에 조그맣게 '감은 까치에게 양보하세요' 라는 귀여운 공지가 있었어요. 딱딱하지 않은 귀여운 공지가 아니었다면 감나무에 감이 남아있지 않았을 거예요. 이러한 따뜻한 모습을 보여드리고 싶었어요.

identity / 조혜윤 p160

제가 일본여행 갔을 때 찍은 사진인데, 넥서스 월드(유명한 건축가들이 건물을 설계한 곳)에서 발견한 팻말이었어요. 건축가들이 고민한 흔적을 작게 남겼는데 살고 있는 주민들이 자부심과 애착심을 가지지 않을까 해서 공모전에 내보게 되었습니다.

해피시티 / 장성이 p123

어르신들을 위한 요양원이나 아이들을 위한 고아원 같은 시설이 우리 주거 지역 가까이에 함께 같이 있으면 좋겠다는 생각으로 출품하게 되었습니다.

빈 터 / 부영건 p178

평소에 건축을 할 때 채워나가는 것에 대해서는 매우 익숙하지만 반대로 공간을 비워나가는 것에 대해서는 거의 이야기 하지 않잖아요, 그런 부분들이 상당히 아쉬움이 많았는데 이번 기회를 통해서 표현할 수 있는 기회가 생겨서 좋았습니다.

+

"모든 것은 아름다워야 한다"

"저 건물은 예쁘지가 않아, 왜 저렇게 지었을까? 너 보기엔 어떠니?"
"내가 보기에도 마찬가지야. 조금도 예쁘지 않아."

개선문에서 멀지 않은 파리의 서쪽 관문인 마이요문 광장에는 온통 파란 유리로 된 신형건물이 하나 서있다. 그 건물을 가리키며 일곱 살쯤 되어 보이는 두 프랑스 소녀가 주고받는 말이다. 인형을 놓고 말하듯 건물을 대상으로 의견을 말하는 모습이 깜찍스러웠다. 두 소녀는 특별 난 아이들이 아니다. 눈에 보이는 모든 대상이 보기 좋아야 하는 사회 환경에서 자라났을 뿐이다.

직업이 회계사인 30세 프랑스인 르페브르 씨는 한 달 동안 일본을 여행하고 돌아왔는데 첫인상을 물었던 나에게, "옛날 모습과의 조화를 전혀 고려하지 않고 현대식 건물을 아무 데나 세워 도시 미관을 망가뜨린 것을 보고 서글펐다"고 말했다. 회계사라는 직업은 미적 감각하고는 가장 먼 직업이라 할 수 있다. 그런데도 일본 여행의 첫인상이 '도시 미관을 망가뜨린 것을 보고 서글펐다'는 것이다.

고속도로를 낼 때에도 프랑스인들이 가장 신경 쓰는 부분은 건설비가 아니라 '보기 좋음'이다. 프랑스 남부 디른지방에 높은 육교를 건설할 예정인데, 육교가 보이는 곳에 사는 보는 사람들에게 몇 개의 안을 제시하여, "이 안이 더 보기 좋다"는 의견을 들었다. 건설비는 그 뒤에 고려하는 사항인 것이다.

이렇게 국민 전체가 아름다움을 추구한다는 점은 사회적으로도 아주 중요한 의미를 갖는다. 단지 건물만이 아닌, 정치,사회,문화 모든 분야의 모습이 아름다워야 하기 때문이다.

_ 홍세화, 『쎄느강은 좌우를 나누고 한강은 남북을 가른다』 중에서

KC Bridge 공연 중 낭독

우 리 는 행 복 한

집 을 생 각 합 니 다

우 리 는 꿈 꾸 는

집을 생각합니다

시상식 영상 스케치

http://youtu.be/_28UhR_5874

아이디어를 제공해주신 분들

임주성, 엄미숙, 주형남, 김혜인, 전창동, 박청화, 장현주, 이유주, 정두종, 박다희, 김경욱, 오지아, 송준, 손금희, 김송이, 양세영, 유은선, 유재헌, 서동진, 정민혁, 남정준, 오상우, 김민지, 성혜진, 임희정, 김지효, 김재식, 남용현, 김계영, 이종진, 정지영, 이원섭, 김현진, 윤미영, 장선영, 김재윤, 이양지, 윤다혜, 예은실, 김은희, 고현경, 이휘경, 김태범, 정규옹, 신현주, 양새이, 심우찬, 정준영, 박준규, 우승민, 이삼섭, 이재호, 김민정, 권순성, 장진석, 김미소, 오수진, 김자현, 강충재, 민대준, 조영선, 이현진, 이안선, 이민호, 이내현, 이정호, 송진석, 김미정, 조혜윤, 최영숙, 감정현, 김현경, 지수진, 김민선, 장성이, 이영은, 이지영, 임은영, 오혜선, 부영건, 김영석, 송대송, 권경미, 김광범, 김용식, 박태수, 정승윤, 추화랑, 최용성, 고단아, 조광민, 김수림, 이선민, 김창균, 고경환

이 책에 도움주신 분들

문승국 서울시 행정2부시장님, 이세정 아시아경제신문 대표이사 사장님, 아시아경제 건설부동산부 소민호 부장님, 박미주 기자님, 중앙대 주거환경학과 김영주 심사위원장님, 서울시 주거환경과 최성태 심사위원님, 명지대 부동산학과 장대섭 심사위원님, 색채디자인연구소 김현선 심사위원님, 마이바움 i 연구소 김새롬 심사위원님, 주부 프로슈머 안인숙 심사위원님, 수목건축 유상미 총괄이사님을 비롯한 수목가족 공윤정, 김도형, 김민영, 김선영, 김현미, 서관호, 송소미, 예은실, 유수미, 이도윤, 이예진, 이한빈, 정찬웅, 최연숙

이 책을 만든 사람들

엮음 _ 서용식
진행 _ 수목문화컨텐츠
기획총괄 _ 권미미, 장연지, 윤지혜
북디자인 & 책임편집 _ 이원재

그대, 행복한 家
그대, 꿈꾸는 家

더 나은 주거문화 만들기 아이디어 공모전 작품집

●

2013년 4월 1일 1판 1쇄 발행 ◎ **엮은이** 서용식 ◎ **진행** 수목문화컨텐츠 ◎ **기획총괄** 권미미, 장연지, 윤지혜
북디자인&책임편집 이원재 won.bookdesigner@gmail.com
발행인 김기현 ◎ **발행처** 시공문화사 ◎ **등록** 1993년 3월 12일 ◎ **주소** 서울시 서대문구 현저동 200 극동 5층
전화 02)3147-1212, 2323 ◎ **팩스** 02)3147-2626 ◎ **홈페이지** www.spacetime.co.kr ◎ **이메일** spacetime@korea.com

ISBN 978-89-5592-262-2 (93640)